AF299526

ESSAI
PHYSIOLOGIQUE,

OU

NOUVELLES RECHERCHES

SUR

LE SIÉGE DE LA SANGUIFICATION;

PAR J.ʰ VERHELST,

MÉDECIN DE L'HOPITAL, A COURTRAI.

Frustra magnum expectatur augmentum in scientiis ex super inductione et insitione novorum suprà vetera, sed instauratio facienda est ab imis fundamentis, nisi libeat perpetuò circùm volvi in orbem cum exili et quali contemnendo progressi.

Bacon, nov. org. aphorism. xxxi.

A LILLE,

IMPRIMERIE DE LELEUX, GRANDE PLACE.

—

1820.

*COPIE de la réponse de M. **TARANGET**, célèbre médecin et recteur de l'Académie de Douai, à J. VERHELST, au sujet d'une dissertation sur la sanguification, soumise à son jugement.*

Monsieur,

Je vous remercie du plaisir que vous m'avez procuré par la lecture de votre mémoire sur la sanguification; la question qui en fait l'objet prend, sous votre plume, un intérêt d'autant plus précieux, que vous avez su la rattacher à la médecine pratique. Ce qui distingue encore cette dissertation, Monsieur, c'est l'érudition; l'érudition en relève le prix, parce qu'elle est employée avec une grande sagesse et qu'elle amène des inductions très-satisfaisantes. Voilà, Monsieur, l'idée que m'a laissée de votre ouvrage une lecture réfléchie, à laquelle j'ai plus d'une fois regretté de ne pouvoir donner plus de temps. Avec de pareils moyens, Monsieur, on est sûr de réussir, plus sûr encore d'être toujours utile.

Agréez donc tous mes remercîmens, Monsieur, et l'assurance de la considération particulière avec laquelle je suis,

Monsieur,

Votre très-humble et très-obéissant serviteur,

Signé, TARANGET.

AVANT - PROPOS.

UNE vérité reconnue par tous les médecins, c'est que celui qui veut un jour exercer son art avec fruit, doit, au préalable, être initié dans toutes les parties des institutions médicales qui se prêtent mutuellement la main. Il n'est pas moins vrai pourtant que parmi le grand nombre, il en est dont la connaissance est bien plus utile et plus nécessaire que celle des autres; telle que la physiologie ou l'exposé simple de la structure des lois et actes de l'économie animale, qui avec raison est regardée comme l'une des principales branches qui doit nécessairement servir de base à l'édifice entier de la médecine théorique et pratique; il n'est donc pas étonnant que les professeurs aient constamment inculqué à leurs élèves le goût de l'étude de cette science, qui est encore loin d'être aussi avancée qu'on aurait droit de l'attendre, en considération des travaux et investigations industrieuses de tant de célèbres physiologistes, assertion que le savant et illustre Haller ne démentit point, lorsqu'il avoua ingénûment qu'après trente années d'étude et de recherches, il n'était encore que médiocre physiologiste, tant il est vrai que la modestie est toujours le partage des hommes de mérite : en effet, qui osera encore aujourd'hui prétendre que nous ayons une connaissance intime des actes et du ministère même de la plupart des principaux viscères de l'économie animale? mais me bornant dans la sphère de mon sujet, je demanderai uniquement si nous connaissons bien l'intéressant organe de la sanguification et ceux qui coopèrent à cet acte. Point de doute que la plupart des physiologistes modernes me répondront qu'il a été mis au grand jour lors de la découverte de la circulation du sang, par le célèbre Harvey. Néanmoins, malgré ma grande reconnaissance et mon estime pour ces célèbres physiologistes, cette fois pourtant ils me permettront de ne point souscrire à leur doctrine sur le siége de la sanguification, qui me paraît encore couvert d'un voile épais.

Considérant cependant cette opération comme un des actes les plus intéressans de l'économie animale, dont la connaissance me paraît si nécessaire, sinon indispensable, pour fonder l'abîme de la théorie de plusieurs maladies, j'ai pris sur moi de faire de nouvelles recherches sur l'organe de cet intéressant ministère. Tout en

avouant mes faibles facultés, si peu propres à
remplir une tâche aussi délicate que difficile,
non seulement par la raison que j'ai dû me
tracer une route toute nouvelle, que je n'ai point
l'habitude de manier la plume, que j'ai dû faire
emploi d'un idiôme étranger en faveur de plusieurs hommes de l'art, mais surtout parce qu'il
s'agit de combattre une doctrine sanctionnée par
presque tous les physiologistes et enseignée encore aujourd'hui, si je ne me trompe, dans toutes
les écoles de l'Europe. Par ce que je viens de
dire, j'ose me flatter que le lecteur aura de l'in-
dulgence pour cette faible esquisse, quant aux
incorrections du style et autres défectuosités
semblables. Toutefois il n'en est pas de même
relativement au jugement de mon opinion, dont
je réclame avec instance toute la sévérité en
faveur de l'humanité dont le bonheur a été le
seul motif de cet essai.

ESSAI

PHYSIOLOGIQUE,

OU

NOUVELLES RECHERCHES

SUR

LE SIÉGE DE LA SANGUIFICATION;

Par J.ʰ VERHELST,

MÉDECIN DE L'HOPITAL, A COURTRAI.

L'ON sait que depuis que la médecine a pris
une certaine forme, deux doctrines sur la sanguification ont surtout mérité les suffrages des
hommes de l'art; que les médecins, dès la plus
haute antiquité jusqu'à la découverte de la circulation du sang et des humeurs, ont eu, sur
l'organe de cet intéressant acte, une toute autre

idée que les médecins postérieurs à cette mémorable époque. Les anciens, peu familiarisés avec l'anatomie, la géographie du médecin, et par-là ignorant la véritable route du chyle, crurent que cette liqueur était reprise et absorbée des intestins par les vaisseaux mésaraïques, que de là elle passait dans la veine-porte, d'où elle est transmise au foie, à l'effet d'y subir l'acte de la sanguification ; cependant tout le chyle ne pouvant être converti en sang strictement dit (*sensu strictiori*) comme le disaient les anciens, il était nécessaire d'assigner d'autres viscères pour attirer et recevoir la matière chyleuse impropre à cette conversion sanguine : c'est ainsi que selon eux la rate attirait la matière féculente (l'humeur mélancolique), du sang; la vésicule du fiel, la bile jaune; les reins, la sérocité; et les vaisseaux, la pituite. D'après cet exposé sommaire des idées des anciens sur la sanguification, on juge facilement que l'ensemble d'une telle doctrine ne put survivre aux progrès immenses que fit l'anatomie, surtout vers le dix-septième siècle, par la découverte de la circulation du sang, et par la découverte non moins précieuse de la véritable route du chyle, faite par Asellens, quelques années auparavant.

En effet, par ces découvertes, la doctrine des anciens sur la sanguification ne perdit pas seulement son crédit en partie, comme on aurait dû s'y attendre, mais fut bientôt renversée de fond en comble, et sur ses ruines on en bâtit une toute nouvelle. Au lieu donc de considérer le foie comme l'organe de la sanguification (assimilation animale), dont les anciens l'avaient fait jouir jusqu'alors, et pour lequel ils avaient tant d'estime et de vénération, au point de lui donner le titre de noble viscère, les médecins modernes le firent présider à la sécrétion de la bile, destinée à remplir le rôle le plus important dans l'acte de la chylification. Quoique cette liqueur (bile) fut alors, comme à présent, regardée par plusieurs médecins comme la plus ennemie de l'économie animale *(inimicissima),* (1) l'on transporta aux poumons l'important ministère de la sanguification. On juge aisément quelle influence dut avoir cette nouvelle doctrine physiologique sur la pathologie; car les anciens, considérant le foie comme le plus important viscère de l'économie, le regardaient comme le siége de la plupart des maladies qu'éprouve notre espèce; par la raison que plus un viscère contribue à la conservation de la santé, plus il se trouve lésé dans les maladies : « *quò plùs (Organon) confert in*

______

(1) Vide Quæstionem à facult. med. lovaniens. medicinæ studiosis proposit. pro præmio annuo, anni 1818.

sanitate tuenda eo et deterius in morbis affi-
citur. » (1)

Les modernes, au contraire, en se formant de nouvelles idées physiologiques, bouleversèrent également la théorie des anciens sur les maladies du foie, au point qu'à l'exception du célèbre Boerrhave, (2) qui regarda ce viscère comme l'auteur de la plupart des maladies chroniques, que le célèbre Antoine Portal (3) crut pouvoir étendre sur plusieurs maladies aiguës, et que le célèbre Pujol de Castres (4) regarda comme siége de la plupart des maladies cutanées tant aiguës que chroniques, peu de médecins envisagèrent le foie comme siége des désordres de l'économie animale. Ne semble-t-il pas qu'on peut induire de là que les opinions pathologiques de ces mêmes auteurs s'accordent peu avec leur doctrine physiologique, celle des modernes sur le même viscère ? Vanzeldicten, qui ne professa point d'autre doctrine, fut souvent étonné que, dans la jaunisse, l'appétit, la digestion et les évacuations alvines se firent passablement bien. Voici ses propres paroles :

(1) Aratus cappad., de morbis chronic., cap., 14.

(2) Institut. medic.

(3) Traité des maladies du foie. *Voyez* l'introduction.

(4) OEuvres diverses de médecine pratique, tome 2 ; dissertation sur les maladies de la peau.

Sœpius, dit-il, *miratus fui talis œgros, licet con-*
tinuò ictero laborarent, tamen et appetitum
sat integrum habuisse, digestionem utcum-
què alvi evacuationem pariter. (1) Heberden,
parlant de la même maladie, fut également sur-
pris que dans la jaunisse il y eut plus souvent
diarrhée que constipation; cet étonnement n'eut,
selon moi, d'autre cause que l'impossibilité de
pouvoir réconcilier ces phénomènes de l'état
pathologique du foie avec la doctrine physiologique du jour sur ce viscère.

Bien plus, il a été souvent démontré que la
chylification avait également lieu, non seulement lorsque l'excrétion mais même la sécrétion de cette liqueur était suspendue dans la tor-
peur du foie, que Pearson a le premier nommée
hépalalgique. Le docteur Fordice, dans le des-
sein de connaître quelle est l'utilité de la bile
dans la chylification, lia le canal cholédoque
d'un animal, et trouva que le chyle conserva
toutes ses propriétés; d'où l'auteur conclut que
le chyle est formé par l'action de la salive et du
suc gastrique, sans mélange de bile. Le célèbre
Bichat douta que le foie fût uniquement destiné à sécréter la bile, en faveur de la chylification. Le docteur Rusch, de Philadelphie,

(1) Commentar. in aphorism. Boerrhave, tome 3, paragraphe
950, pag. 132.

àuteur de l'unité des maladies et principal col-
laborateur de la réforme médicale dans les
États-Unis de l'Amérique, où l'art se cultive
avec beaucoup de succès, n'hésite point à rejeter
l'opinion généralement reçue sur les fonctions
du foie. Voilà les données par lesquelles je me
crois en droit de rejeter la doctrine physiologique des modernes sur le foie, doctrine d'autant plus préjudiciable, qu'elle me paraît avoir
servi à une fausse théorie de plusieurs maladies
tant aiguës que chroniques. Néanmoins l'art ne
retirerait aucun fruit, si, rejetant une doctrine
à cause qu'elle semble erronée, l'on ne la rem-
plaçait par une autre plus conforme à l'organisation, aux sages vues de la nature, et qui semble
donner bien moins de prise aux objections.
Guidé par ce motif puissant, l'utilité de l'espèce humaine, je vais m'efforcer de remplir cette
pénible tâche; et comme le moyen le plus propre
pour parvenir à mon but m'a paru être l'analyse, c'est aussi le moyen que j'ai surtout mis
en usage.

D'abord je regarde comme un fait, contre
l'opinion généralement reçue, que le fœtus doit
parfaitement s'assimiler à sa substance nourricière, sans laquelle il ne peut se développer ni
s'accroître, par la raison qu'on ne peut admettre
que la matière nutritive que la mère élabore

pour son propre usage, puisse servir, sans éla-
boration plus parfaite, à nourrir son fruit,
surtout au commencement de la grossesse, où
il se trouve à peine vivifié et modelé ; *dissi-
milium enim dissimilis est ratio*. Dès - lors
on ne peut douter que le fœtus ne se trouve
nourri de la même manière, tout le temps de
la gestation : il résulterait de là que le fœtus doit
avoir en sa possession des organes propres à la
conversion complète de sa matière nutritive.
On ne peut néanmoins regarder les poumons
comme organe de l'assimilation nutritive du
fœtus, puisqu'ils sont et restent passifs tout le
temps de la grossesse. Il est surtout deux viscères dont le développement, pour ainsi dire
précoce, semble devoir jouer un rôle important
chez le fœtus; savoir : le cerveau et le foie. Jamais cependant aucun physiologiste ne s'est
imaginé que le cerveau préside à l'assimilation
nutritive chez le fœtus ; mais jetant nos regards
sur le foie, cet organe nous semble avoir toutes
les qualités propres à remplir l'important ministère de l'assimilation nutritive, de la sanguification. En effet, son volume respectivement plus
considérable chez le fœtus que chez l'adulte; son
activité mise en jeu dès le même moment que
le germe a reçu le souffle de vie; de la plus grande
partie des humeurs maternelles qu'il reçoit dans

son sein, avant de passer dans la veine-cave ; toutes ces propriétés incontestables ne laissent aucun doute que la nature n'ait eu de grandes vues et de grands motifs, en organisant aussi admirablement le foie chez le fœtus. Néanmoins on ne peut admettre que cet appareil hépatique ait lieu à l'effet de sécréter la bile en faveur de la chylification, puisqu'aucune chylification n'a lieu avant la naissance. Or, quel motif plus puissant de cette organisation admirable que l'assimilation nourricière, l'opération la plus importante de l'économie animale ? De là nous concluons que le foie du fœtus est l'organe de la sanguification, et, comme il est hors de doute que le foie exerce le même ministère après comme avant la naissance, ce que prouvent ces mêmes actes et mêmes produits sensibles (sécrétion de la bile) aux deux époques susdites, nous concluons enfin que le foie est également l'organe de la sanguification dans toutes les époques de la vie.

Ici, sans doute, on m'observera que je mets en fait ce qui n'est qu'en question, savoir que le fœtus s'assimile sa propre substance nourricière, qui, loin d'admettre une telle donnée comme un fait, l'analogie semble plutôt la regarder comme une hypothèse insoutenable. D'abord, dira-t-on, les physiologistes sont

(15)

d'accord que le blanc et le jaune d'œuf forment la matière nutritive du fœtus de la poule : or, le contenu de l'œuf de la poule, est au fœtus de l'œuf ce que sont les humeurs maternelles au fœtus humain; donc la mère fournit au fœtus sa matière nutritive toute formée. Mais une telle induction tirée de l'analogie, est-elle légitime? De plus, est-il bien certain que le blanc et le jaune d'œuf aient reçu cette assimilation propre, à nourrir le fœtus sans que lui-même il mêle la dernière œuvre à sa matière nutritive ? Il est avéré par tous les physiologistes que le sang proprement dit, ou une matière plus élaborée encore, sert de nourriture chez les vivipares comme chez les ovipares à sang chaud. Or, malgré les recherches les plus minutieuses, les anatomistes n'ont jamais pu découvrir une seule goutte de sang, ni dans le blanc, ni dans le jaune d'œuf. On ne peut non plus admettre que lesdites substances soient plus élaborées que le sang proprement dit; d'où il suit que ni le blanc ni le jaune ne peuvent servir de matière nutritive du fœtus de la poule. Prouvons maintenant que le fœtus de la poule pourvoit à sa propre nutrition. Des recherches anatomiques, même superficielles, ont prouvé que le fœtus de la poule abonde en sang, surtout peu de temps avant son exclusion de l'œuf. Nous avons vu que ni le blanc, ni le jaune de l'œuf, n'en contiennent pas, donc il a dû se former son sang. Nous avons vu que le sang sert de substance nutritive, donc le fœtus de la poule pourvoit à sa propre nourriture; il suit de là encore que le même fœtus doit jouir des organes propres à cette assimilation nutritive. Mais quels sont ces organes?.... Ne doutons pas que ce ne soit également le foie, puisque le même rapport existe entre le foie du fœtus de la poule et celui du fœtus humain, car la nature est une partout. De là, nous concluons que l'induction tirée de l'analogie pour établir que la mère pourvoit à la nutrition de son fruit, est inadmissible; prouvons finalement, par expérience, que la mère ne peut pourvoir à la nutrition de son fruit. Peu de temps après la découverte de la circulation du sang, quelques hommes de l'art s'imaginèrent qu'en renouvelant, par transfusion, le sang de l'homme, on parviendrait aisément à rajeûnir notre espèce : on fit d'abord des expériences sur des animaux avec quelqu'apparence de succès, ce qui suffit pour les étendre sur l'homme; mais hélas ! le danger imminent que coururent les personnes que l'on soumit à cette opération, la firent bientôt défendre sous peine de la vie. (1) Il suit de là, si je ne me

____

(1) Vide Marherr præliis in Boerrhave, tom. 2, pag. 80 et sequent.

trompe, que non seulement chaque espèce, mais chaque individu doit s'assimiler sa substance nourricière; conséquemment que la mère, à l'égard de son fruit, ne jouit, quoiqu'on ait soutenu le contraire, d'aucune prérogative. Considérant donc que la mère, quoiqu'elle fournisse les premiers matériaux, ne peut complètement assimiler la matière nutritive de son fruit; que sans cette assimilation parfaite il n'est point de nutrition; qu'il suit de là que le fœtus doit lui-même s'assimiler sa matière nutritive, qu'il doit jouir des organes propres à cette assimilation; qu'il résulte de nos recherches que le foie, chez le fœtus, n'est point destiné à sécréter la bile en faveur de la chylification, et que cet organe, comme nous l'avons démontré, est le seul qui, chez le fœtus, possède les qualités propres à remplir l'importante fonction de l'assimilation animale; enfin, que le foie, comme nous l'avons prouvé également, exerce les mêmes fonctions après comme avant la naissance. Nous concluons que le foie est l'organe de la sanguification.

Regardant donc le foie comme l'organe de la sanguification ou assimilation animale, il suit de notre hypothèse que la bile n'est autre chose que le résidu, l'excrément *(fix sanguinis antiquorum)* de cette même assimilation animale;

que les viscères et organes abdominaux, qui fournissent leur contingent d'humeurs au foie, ne sont pas les organes préparatoires de la bile, comme le prétendent les physiologistes modernes, mais préparatoires de la sanguification à laquelle préside le foie, par l'acte duquel les humeurs deviennent propres à nourrir l'économie animale : il suivrait, en dernière analyse, que les poumons ne sont point les organes de la sanguification, mais qu'ils appartiennent au système chylificatif ; opinion d'autant plus probable, que leur passibilité, chez le fœtus, correspond avec l'état passif des organes de la digestion et chylification, et que leur activité est simultanée après la naissance. D'après cela, il est bien plus probable que le ministère des poumons consiste plutôt dans la séparation et excrétion des matières impropres à se convertir en chyle parfait, que dans celui d'attirer et d'absorber l'oxigène atmosphérique, opinion aujourd'hui généralement admise ; par conséquent que l'idée du docteur Ellis, (1) sur les fonctions des poumons, semble d'autant plus plausible qu'il tâche d'établir que l'oxigène ne peut être absorbé ni passer dans les poumons ; mais qu'il se combine avec le carbone excrété des poumons et déposé dans les

(1) An inquiri into the change induced on atmospheric air by respir of animals, etc.

cellules aériennes pour former ainsi l'acide carbonnique qui, sous cette forme gazeuse, se trouve expulsé par l'acte de l'expiration.

Voilà ce que j'avais à dire sur les fonctions du foie, et, par induction, sur celles de la plupart des viscères abdominaux et des poumons. Si mes idées, sur les mêmes organes, suggérées par des recherches et études pénibles, sont justes, j'ose être persuadé qu'elles contribueront un jour aux progrès de l'art, par la raison que la connaissance des actes et usages de nos parties doivent nous guider dans les recherches sur l'état de leur affection pathologique, indépendamment que cette même connaissance doit se prêter à l'étude de l'admirable loi de la sympathie ou d'association qu'Hippocrate n'ignorait pas, comme il le prouve, quand il dit: « *In corpore humano confluxus est unus, conspiratio una et consententia omnia. Libro de alimentis;* » et dont l'estomac fut regardé par Vanhelmont comme centre où il plaça son impérieux archée. En effet, on ne peut douter que cette admirable propriété de l'économie ne joue le plus grand rôle dans tous les actes sains ou maladifs de la vie, et qu'elle ne soit l'instrument pour ainsi dire de mille et un phénomènes qui se manifestent surtout dans les maladies. C'est peut-être du défaut de nos connaissances physiologiques, surtout du système hépatique, que nous n'avons encore que des idées vagues sur cette association sympathique et surtout sur son centre, dont la connaissance nous paraît si né-cessaire pour nous former une saine théorie de la plupart des maladies, théorie sans doute encore vague et obscure, au rang desquelles nous n'hési-tons point de classer la fièvre dite idiophatique ou essentielle, que Celse a regardée comme maladie et comme remède en même temps, « *est mor-bus est et medicina,* » et sur laquelle le docteur Miller (1) a donné, il y a environ quinze ans , quelques nouvelles idées , qui ressemblent tellement à celles que Broussais (2) vient de publier en France, (non sans jeter la pomme de discorde entre plusieurs médecins français du premier rang et du premier mérite), qu'on croi-rait qu'elles viennent d'une même souche. On voit ici manifestement que pour établir le siége de la fièvre , ils ont eu recours à la loi de la sym-pathie, dont l'estomac est regardé, par le docteur américain et le docteur français, comme centre qui , selon eux, est le siége de la fièvre, qu'ils font de plus consister dans l'inflammation de ce viscère, opinion selon eux confirmée surtout

(1) Some remark on the importance of stomac. *Voyez* l'a-nalyse de ce mémoire dans les Annales de littérature étrangère, rédigées par Kluyskens , Bouchet et Dubar, N.° 46; Avril 1809.

(2) Examen de la doctrine sur les fièvres, par Broussais.

par l'autopsie cadavérique. Cependant les expériences faites par Magendie, et confirmées par
plusieurs autres médecins, sur le verre avalé
inocûment, sans autres preuves en nombre,
paraissent peu favorables à l'idée de la toute-
puissance symphatique, tant divergente que
convergente de l'estomac, réclamée par les auteurs. Quant à la nature d'une maladie déduite de
l'anatomie pathologique, avouons qu'elle nous a
souvent induits d'erreur en erreur, prenant souvent l'effet pour la cause, et *vice versâ*. Le celèbre
Stoll osa même douter si réellement l'apoplexie
est connue, quoiqu'on l'attribue aux conges-
tions et épanchemens séreux et sanguins,
qu'on trouve si souvent dans le cerveau des
apoplectiques. Connaît-on mieux à présent la
maladie, parfois si désastreuse, connue sous
le nom de fièvre puerpérale, quoique par des
perscrutations anatomiques on ait fréquem-
ment trouvé des désordres physiques au péri-
toine plutôt qu'ailleurs, d'où sa dénomination
péritonite?.... mais je m'égare : je reviens donc à
mon sujet, pour engager les hommes de l'art à
fixer un instant leur attention sur mon hypothèse, à l'effet d'en apprécier la juste valeur;
et si elle peut contribuer à reculer les bornes
de la plus utile des sciences, mes souhaits seront
accomplis.

(22)

*Jàm satis est ne me ciprini scrinia lippi
compilasse putes verbum non amplius ad-
dam.*